Sitzungsberichte
der Heidelberger Akademie der Wissenschaften
Stiftung Heinrich Lanz
Mathematisch-naturwissenschaftliche Klasse
Abteilung A.
Jahrgang 1924. 10. Abhandlung.

Über eine ganz junge Verwerfung bei Rauenberg im Kraichgau.

Von

Ilse Voelcker
(Heidelberg).

Mit einer Abbildung.

Vorgelegt von Wilhelm Salomon.

Berlin und Leipzig 1924

Walter de Gruyter & Co.

vormals G. J. Göschen'sche Verlagshandlung / J. Guttentag, Verlagsbuchhandlung / Georg Reimer / Karl J. Trübner / Veit & Comp.

Über eine ganz junge Verwerfung bei Rauenberg im Kraichgau.

In seiner jüngst erschienenen Arbeit: „Die Intensitäten alluvialer und diluvialer geologischer Vorgänge und ihre Einwirkung auf die pliozäne Rumpffläche des Kraichgaues und Odenwaldes“ [1]) weist SALOMON auf eine Verwerfung zwischen Löß und Keuper hin, die er zusammen mit RATZEL beobachtet hatte. Herr Prof. SALOMON veranlaßte mich im Einverständnis mit Herrn Dr. RATZEL den Aufschluß genau zu untersuchen und zu beschreiben.

Es handelt sich um eine Störung, die jüngeren Löß gegen die bunten Mergel des mittleren Keupers (km 3 der Karte) verwirft. Diese Verwerfung ist in einer Grube aufgeschlossen, die nordwestlich von Rauenberg am rechten Hang des Angelbachtales liegt.

Die Schichten des km 3 streichen N 20—30 W und fallen mit 10° gegen O ein. Die Störung streicht N – S, also parallel den Hauptrheintalverwerfungen und hat westliches, in dem oberen Teile des Bruches steileres Einfallen (70°) als gegen die Basis (50°). Schon diese Steilheit des Einfallens spricht dafür, daß man es mit einer Verwerfung zu tun hat; denn der natürliche Böschungswinkel des Keupermaterials überschreitet im allgemeinen 40° nicht. Auch zeigt der Keuper an seiner Grenze gegen den Löß keinerlei Verwitterungserscheinungen oder Schuttauflagerung als Merkmale einer alten Landoberfläche. Somit entfällt die Möglichkeit, diese Löß-Keupergrenze als ungestörte Anlagerung des Lößes an den Keuper zu deuten. Dazu kommt, daß über der Sohle der Grube im westlichen abgesunkenen Teil noch die primäre Auflagerungsfläche des Lößes auf dem Keuper entblößt ist, daß hier die Mergelschichten gegen die Verwerfung hin hochgeschleppt sind und neben horinzontaler Lagerung auch kleine Falten und Verbiegungen zeigen. In den untersten 50 cm weist der Löß eingestreute Stücke groben Keupermaterials auf, während schmale Bänder feinen Materials noch bis 2 m über der Basis des Lößes vorhanden sind. Diese Einlagerung verdankt ihre Entstehung nicht dem

---

[1]) Sitzungsber. d. Heidelb. Akad. d. Wissensch. Math.-nat. Kl. Jg. 1924, Abh. 3.

tektonischen Vorgang, sondern ist wohl eine Sandlößbildung, die beweist, daß man sich an der primären Lößbasis befindet.

Die Störungsfläche selbst zeigt Harnischstreifung, deren Horizontalprojektion N 70 O streicht, und die mit etwa 50° nach W fällt. In die Verwerfungsfläche ist Löß eingepreßt, wie er überhaupt im abgesunkenen Teil in Streifen und Bändern im Keuper eingeklemmt ist.

Nordwestlich der Verwerfung wurde der Abbau erweitert und unter die Sohle vertieft. Die dadurch aufgeschlossenen Keupermergelschichten zeigen stellenweise Zertrümmerungen, deren ungeachtet das

Streichen (N 10 O) und Einfallen (30–40° O) im großen und ganzen konstant bleiben. Aus diesen Zahlen geht hervor, daß die Schichtlagerung in der abgesunkenen Scholle gegen die des stehengebliebenen Teils etwas abweicht. Dasselbe beweisen auch die Richtungen der Hauptklüftung im Keuper. Die beiden Kluftsysteme streichen und fallen:

im östl., dem stehengebliebenen Teil		–	in der abgesunkenen Scholle	
Str. N 10–30 O	F. 85–90 W		Str. N 20–40 O	F. 60–75 W
„ N 70 W	„ 85–90 S		„ N 35–40 W	„ 60–75 SW

In der relativ hochgelegenen Scholle streicht im Keuper ungefähr 5 m über der Basis des Bruchs an der Verwerfung eine Schicht weißer

Steinmergel aus, die als Leitschicht dienen kann. Dieselbe Schicht trifft in 35 m Entfernung von der Verwerfung im abgesunkenen Teil in allerdings etwas verändertem Streichen und Einfallen die Sohle der Grube. Versucht man aus dieser Tatsache ungefähr die Sprunghöhe zu errechnen, so beträgt sie etwa 11 m. Bei diesem verhältnismäßig geringen Verschiebungsbetrag ist es einleuchtend, daß man in der nördlichen Fortsetzung die Verwerfung am Hang nur noch etwa 25 bis 30 m weit durch Handbohrung verfolgen kann. Weiter nördlich grenzt der abgesunkene Löß gegen den Löß der stehengebliebenen Scholle, so daß die Spur der Störungslinie nicht weiter zu erkennen ist.

Da jung-diluvialer Löß mitverworfen wurde, muß die Störung jüngst-diluvialen oder alluvialen Alters sein, wie sie denn auch Salomon im Rahmen junger Bewegungen erwähnt.

FSC
www.fsc.org
MIX
Papier | Fördert gute Waldnutzung
FSC® C083411

Kolibri 360 GmbH
Ferdinand-Jühlke-Straße 7
99095 Erfurt, Deutschland
produktsicherheit@kolibri360.de